KB079754

과학 탐구 과정의 첫 단계이자
세상 모든 발명의 시작인 '문제 인식'을 잘하는 방법

코끼리가 비행기에서 뛰어내리면 어떻게 될까?

코끼리가
비행기에서
뛰어내리면
어떻게 될까?

2022년 5월 16일 처음 펴냄
2024년 9월 10일 3쇄 펴냄

지은이 신규진
그린이 치달
펴낸이 신명철
편집 윤정현
영업 박철환
관리 이춘보
디자인 최희윤
펴낸곳 (주)우리교육
등록 제 2024-000103호
주소 10403 경기도 고양시 일산동구 정발산로 24
전화 02-3142-6770
팩스 02-6488-9615
홈페이지 www.urikyoyuk.modoo.at

ISBN 979-11-978762-0-2 03400

과학 탐구 과정의 첫 단계이자
세상 모든 발명의 시작인 '문제 인식'을 잘하는 방법

코끼리가 비행기에서 뛰어내리면 어떻게 될까?

신규진 지음 | 치달 그림

우리교육

차례

1.

코끼리가 비행기에서 뛰어내리면 어떻게 될까?

'어떻게 그런 것일까? 왜 그런 것일까?' 궁금해하고 '이런 이유로 그런 것이 아닐까?' 추측해 보며 과학적으로 사고하는 과정을 문제 인식이라고 합니다.

과학(학문)의 탐구 과정은 문제 인식 없이 진행될 수 없습니다. 문제 인식은 끊임없이 일어나는 생각의 흐름이기 때문입니다. 백과사전을 암기하고 있어도 훈련하지 않으면 문제 인식 능력을 키울 수 없습니다. 문제 인식은 이미 알고 있는 지식에만 의존하는 것이 아니라, 미처 알지 못하는 지식 영역을 개척하는 과정이기 때문입니다.

문제 인식 능력을 키우려면 끈기 있게 다양한 방식으로 생각하는 훈련을 해야 합니다. 문제 인식 훈련을 거듭하면 생각을 놀이처럼 즐길 수 있게 됩니다.

세상에는 아주 다양한 문제가 있지만, 문제를 인식하고 분석하는 방법에는 일정한 틀이 있습니다. 문제 인식 훈련은 스스로 생각하고 판단하고 결정하는, 유능한 인간이 되기 위해서도 필요합니다.

1장에서는 〈코끼리가 비행기에서 뛰어내리면 어떻게 될까〉를 탐구 주제로 삼아 문제 인식 훈련의 과정을 밟아 보도록 하겠습니다.

1. 어떻게?

과학자는 생각합니다.

코끼리가 비행기에서 뛰어내리면 어떻게 될까?

어떻게 될까 생각해 보세요.
처음 떠오르는 생각이 무엇이든 상관없습니다.

떨어져서 죽을 거야.
귀를 펄럭펄럭하면서 날 수도 있지 않을까?
공처럼 통통 튀면서 굴러갈지도 몰라.

어떤 생각이든 좋습니다.
우주에서 일어날 수 없는 일이란 없습니다.
상상이 가능한 일은 모두 일어날 수 있습니다.

2. 왜?

과학자는 생각합니다.

코끼리는 왜 비행기에서 뛰어내린 것일까?

왜 뛰어내린 것일까?

생각해 봅니다.

떠오르는 생각이 무엇이든 상관없습니다.

새처럼 날고 싶었을까?

비행기에 숨어 있다가 들켰나?

서커스단에서 탈출한 것이 아닐까?

어떤 이유든 좋습니다.

모든 일은 '그럴 수 있을' 가능성이 있습니다.

3. 물음표 붙이기

과학자가 주로 사용하는 부호는 물음표입니다.

코끼리에 물음표를 붙여 봅니다.

코끼리?

어떤 생각이 듭니까?

진짜 코끼리? 가짜 코끼리?

아기 코끼리? 엄마 코끼리?

인도 코끼리? 아프리카 코끼리?

단어에 물음표 하나만 붙였을 뿐인데, 생각은 여러 갈래로 뻗어나갑니다.

'코끼리'와 '비행기', 두 마디를 연결해서 물음표를 붙여 봅니다.

코끼리가 비행기에?

코끼리가 비행기에 탈 수 있을까?
코끼리는 덩치가 엄청 큰데?
그렇게 큰 비행기가 있을까?

이런 일은 생각만 해서 알 수는 없겠지요.

항공대학교에 전화를 걸어 물어봅니다.
대한항공에 이메일을 보내서 문의해 봅니다.
공군인 삼촌에게 물어봅니다.

이처럼 여러 곳에 문의해서 정보를 얻는 것을 정보 수집이라고 합니다.

‘비행기’와 ‘뛰어내리면’을 연결하여 물음표를 붙여 봅니다.

비행기에서 뛰어내리면?

결과를 생각하기에 앞서 조건을 살펴보아야 합니다.

조건1 비행장에 착륙해 있는 비행기
조건2 하늘을 날고 있는 비행기

두 조건은 너무나 달라서 코끼리가 뛰어내렸을 때의 결과도 많이 달라질 것입니다.

착륙한 비행기에서라면, 코끼리가 비행기 꽁무니 뒷문으로 쿵쿵 뛰어 내려올 수도 있습니다.

우주로 날아가는 비행기에서라면, 코끼리가 우주로 날아가게 될지도 모릅니다.

'코끼리'와 '어떻게'를 조합하여 물음표를 붙여 봅니다.

코끼리가 어떻게 될까?

이처럼 막연한 질문은 답할 수 없습니다.

조건이나 상황이 제시되어 있지 않기 때문입니다.

4. 예상하기

비행기에 구체적인 조건을 붙여서 생각해 봅니다.

10 km 상공의 비행기에서
코끼리가 뛰어내리면 어떻게 될까?

'10 km 상공의 비행기'는 높이에 대한 정보를 알려 줍니다.

여러 가지 답을 생각해 볼 수 있지만, 일반적으로 사람들은 코끼리가 아래로 떨어져 죽을 것이라고 예상합니다.

예상은 '경험이나 학습한 지식을 바탕으로 미루어 짐작하는 일'을 말합니다.

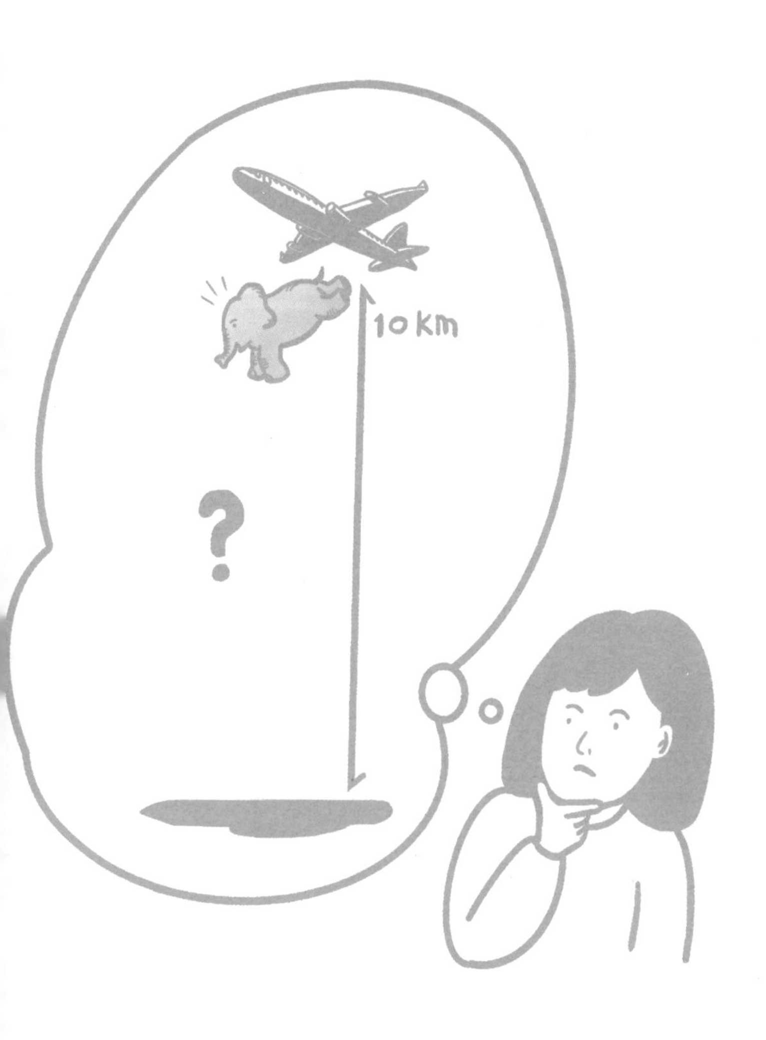
10 km
?

예상 10 km 상공의 비행기에서 코끼리가 뛰어내리면 아래로 떨어져 죽을 것이다.

'코끼리가 아래로 떨어져 죽을 것이다'에는 두 개의 예상이 조합되어 있습니다.

예상1 코끼리가 아래로 떨어져

예상2 죽을 것이다.

두 개의 예상은 각각 맞을 수도 틀릴 수도 있습니다.

따라서 나올 수 있는 경우의 수가 적어도 4개는 됩니다.

경우1 떨어져 죽을 것이다.

경우2 떨어져도 살 것이다.

경우3 안 떨어지고 살 것이다.

경우4 안 떨어지지만 죽을 것이다.

혹시 떨어지다가 공중에 정지하는 이상한 일이…?

그런 경우가 백 퍼센트 일어나지 않는다고 장담하지는 못합니다.

두 개 이상 조합된 예상은 단순하게 분리한 후 하나씩 따져보는 것이 좋습니다.

예상1 코끼리가 아래로 떨어져

예상1이 확실한지 어떻게 증명할까요?

사람은 자기 생각을 너무나 사랑하기 때문에 어떤 사실을 증명하는 사진이나 동영상을 보여 주어도 못 믿겠다고 하는 경우가 많습니다.

과학자는 인내심을 가지고 여러 사례에 대한 탐구를 통해 하나씩 차근차근 문제를 증명하는 방법을 씁니다.

과연 코끼리가 아래로 떨어질 것인지, 어떻게 증명하는 것이 좋을까요?

5. 실험 수행하기

실험은 어떤 현상을 알기 위해서 '실제로 해 봄'이라는 뜻을 가진 말입니다.

실험1 코끼리를 비행기에 태워서 직접 실험해 본다.

실험1은 어떤 결과가 나오는지를 가장 확실하게 살펴볼 수 있는 현장 실험입니다.

그렇지만 실험1을 수행할 수 있을까요?

실험1은 코끼리가 협조한다고 해도 할 수 없는 일입니다.

감정이 있는 생명체를 대상으로 하는 실험은 좋은 결과가 예상되든 나쁜 결과가 예상되든 함부로 수행해서는 안 됩니다.

실험의 대상이 된다는 것 자체만으로도 엄청 기분 나쁜 일이 되기 때문입니다.

6. 가설 만들기

가설은 '확실히 증명되기 이전의 가정된 이론'을 말합니다.

코끼리가 떨어질 것이라는 논리를 입증하기 위해서 다음과 같은 가설을 세웠습니다.

가설1 모든 물체는 땅으로 떨어진다.

논리적으로 옳고 그름을 따질 때, 옳으면 '참', 그르다면 '거짓'이라고 표현합니다.

가설1이 참일까요?

가설1에 맞지 않는 예외가 없는지 살펴봐야 합니다.

가설1에 맞지 않는 예외 사실 관찰

예외1. 하늘의 구름

예외2. 공기 중에 떠 있는 황사 먼지

예외3. 하늘로 떠오르는 풍선

예외4. 하늘을 나는 열기구

예외5. 연, 비행기, 새, 곤충….

7. 가설 검토하기

가설에 맞지 않는 예외 사실을 관찰하면 그 이유를 알아내고 가설을 검토해야 합니다.

물체가 어떻게 하늘에 둥둥 떠 있는 것일까?

물이 없으면 배가 뜰 수 없습니다.

공기도 물과 같은 성질을 가지고 있지 않을까요?

공기는 눈에 보이지 않지만, 피부로는 느낄 수 있습니다.

바람이 불 때 이마에 부딪히는 공기의 촉감을 느껴 보세요.

바람 빠진 타이어에 공기를 빵빵하게 주입하면 무게가 증가합니다.

이로부터 공기도 무게가 있다는 사실을 알 수 있습니다.

과학 지식
1기압 20℃일 때, 1 m^3의 공기 무게: 약 1.2 kg중

가설1에 맞지 않는 예외를 어떻게 설명할 수 있을까?

예외1~5를 설명할 수 있는 과학 지식은 과거에 연구되고 검증된 논문이나 책을 통해서 얻을 수 있습니다. 이런 절차를 선행 연구 조사라고 합니다.

선행 연구 조사를 통해 다음과 같은 이유를 찾았습니다.

예외1 하늘에 떠 있는 구름

→ 지면의 가열로 공기가 상승할 때, 수증기가 뭉쳐서 구름이 만들어진다.

→ 공기가 상승하는 힘과 구름의 무게가 비슷해지면, 구름은 둥둥 뜬 평형 상태를 유지한다.

예외2 공기 중에 떠 있는 황사 먼지

→ 황사는 중국이나 몽골의 사막에 강한 바람이 불 때 상공으로 떠오른 먼지가 강한 바람을 타고 이동하는 현상이다.

→ 바람이 잔잔해지면 굵은 먼지는 지상으로 떨어진다.

→ 아주 작은 미세 먼지는 오랜 시간 공중에 떠 있을 수 있다.

예외3 하늘로 떠오르는 풍선

→ 하늘로 떠오르는 풍선은 공기보다 가벼운 헬륨 가스를 주입한 풍선이다.

→ 보통 공기를 불어 넣은 풍선은 뜨지 않는다.

→ 보통 공기는 질소와 산소가 주성분이다.

He
He
He

예외4 하늘을 나는 열기구

→ 열기구는 버너로 불을 피워 공기를 가열한다.

→ 공기를 가열하면 공기 분자들의 운동 속도가 증가한다.

→ 공기 분자들이 맹렬히 충돌하면 공기 분자들의 간격이 넓어지고 부피가 팽창하여 가벼워진다.

→ 팽창하여 가벼워진 공기가 열기구 풍선에 가득 차면 열기구가 떠오른다.

예외5 연, 비행기, 새, 곤충….

→ 연은 바람이 불어야 떠오른다.

→ 바람은 공기 분자들이 빠르게 이동하는 현상이다.

→ 공기 분자들이 연의 앞면에 빠르게 충돌하면서 힘을 가하면, 연의 앞면은 고압 상태가 되고 뒷면은 저압 상태가 되어 연이 떠오르게 된다.

→ 비행기는 빠른 속도로 움직일 때 좌우의 날개가 연과 같은 역할을 하여 떠오른다.

→ 일반적으로 새의 날개는 비행기의 날개처럼 작용하고, 곤충의 날개는 헬리콥터의 프로펠러처럼 작용하여 하늘을 날 수 있다.

8. 가설 수정하기

가설1에 대한 **예외1~5**는 모두 공기와 연관되어 생기는 일입니다.

예외의 내용을 종합하여 요약하면,

→ 공기보다 가벼운 물체는 뜰 수 있고, 공기보다 무거운 물체도 바람이 불거나 빠른 속도로 이동하면 공중에 뜰 수도 있다.

예외에 대한 이유를 파악했으므로, 가설 1을 수정해야 합니다.

가설1 모든 물체는 땅으로 떨어진다.

→ **수정 가설1** 바람이 불지 않을 때, 공기보다 무거운 물체는 땅으로 떨어진다.

수정 가설 1에서 '공기보다 무거운 물체'는 같은 부피를 비교했을 때의 무게가 공기보다 큰 물체를 의미합니다.

9. 문제 인식 넓히기

비행기에서 어미 코끼리와 새끼 코끼리가 동시에 뛰어내리면 누가 빨리 땅에 떨어질까?

어미 코끼리는 새끼 코끼리보다 덩치가 크고 훨씬 무겁습니다.

어미 코끼리가 먼저 떨어질까요?

새끼 코끼리가 먼저 떨어질까요?

새로운 문제 인식을 시작해 봅니다.

10. 일반화하기

일반화는 사물이나 현상의 개별적인 성질을 일반적이고 보편적인 이론으로 확장하는 일을 말합니다.

지민의 낙하 실험

지민은 분필을 빻아서 가루로 만든 후에 낙하 실험을 했습니다.

같은 높이에서 분필과 분필 가루를 동시에 떨어뜨렸더니, 분필이 빨리 떨어지고 가루는 천천히 떨어졌습니다.

지민은 실험의 결과를 토대로 '무거운 물체가 가벼운 물체보다 빨리 떨어진다'라고 일반화된 이론을 만들었습니다.

그리고 자신이 만든 일반화 이론에 따라서,

"어미 코끼리가 새끼 코끼리보다 무거우므로, 어미 코끼리가 빨리 땅에 떨어질 것이다."라고 예상했습니다.

11. 반대 증거 찾기

어떤 주장이나 가설을 반대하는 증거를 반증이라고 합니다.

반증이 나타나면 가설이나 이론을 수정해야 합니다.

정국의 반증 실험

정국은 작고 가벼운 도토리 하나와 잎사귀가 달린 나뭇가지를 이용하여 낙하 실험을 했습니다.

둘을 동시에 떨어뜨렸더니 도토리가 먼저 땅에 떨어지고, 잎사귀가 달린 나뭇가지가 나중에 떨어졌습니다.

정국은 반증 실험을 근거로 "새끼 코끼리가 어미 코끼리보다 먼저 떨어질 수도 있다."라고 의견을 제시했습니다.

지수의 반증 실험

지수는 크기와 두께가 같은 색종이 두 장으로 종이접기를 하여 실험했습니다.

한 장의 색종이는 꽃 모양으로 접고, 다른 한 장의 색종이는 작은 공 모양으로 접었습니다.

그리고 두 개를 똑같은 높이에서 동시에 떨어뜨렸더니 공 모양으로 접은 색종이가 빨리 떨어지고, 꽃 모양으로 접은 색종이는 느리게 떨어졌습니다.

지수는 실험을 근거로 "무게가 같은 물체도 모양이 다르면 다른 속도로 떨어질 수 있다."라고 새로운 의견을 제시했습니다.

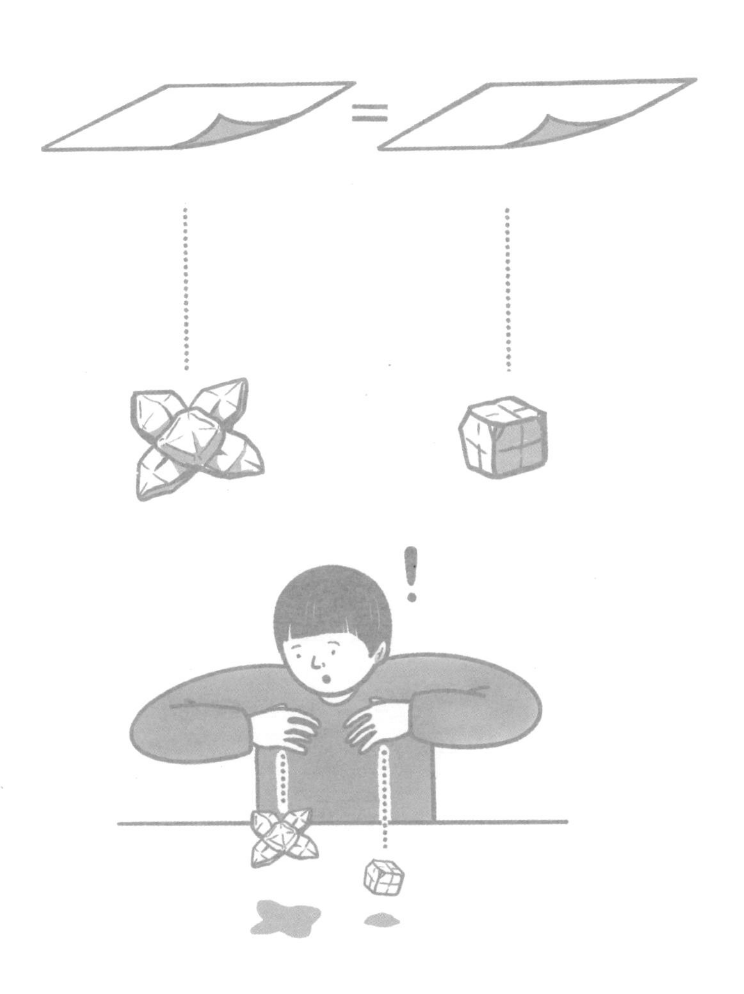

12. 실험 결과 재해석하기

지민의 실험에서는 무거운 물체가 빨리 떨어졌고,

정국의 실험에서는 가벼운 물체가 빨리 떨어졌고,

지수의 실험에서는 똑같은 무게의 물체가 다른 속도로 떨어졌습니다.

지민, 정국, 지수의 실험 결과가 전부 다르게 나타난 이유를 어떻게 해석해야 할까?

앞서 공기에 의한 여러 영향을 살펴본 바 있습니다.

세 실험의 결과가 전부 다른 이유는 공기가 물체의 낙하 운동을 방해하기 때문입니다.

13. 복잡한 시스템

공기는 헛기침 한 번에도 혼란하게 요동치는 시스템입니다.

그러므로 공기 중에서 낙하하는 물체의 정확한 운동 이론을 만드는 것은 불가능에 가깝습니다.

공기가 없는 진공 상태를 만들고 실험하면 어떨까요?

공기의 영향을 제거하면, 낙하 운동에 대한 문제가 훨씬 단순하고 명쾌해집니다.

그렇지만 실험을 위해서 진공에 가까운 상태의 장치를 만드는 것도 결코 쉬운 일은 아닙니다.

그래서 17세기가 될 때까지 물체의 낙하 운동에 대해 확실히 아는 사람이 없었습니다.

14. 사고 실험

다양한 이유로 직접 실험하거나 관찰하기가 어려울 때 과학자들은 실험 상황을 상상하며 생각만으로 실험합니다.
이와 같은 실험을 사고 실험이라고 합니다.

고대 그리스의 철학자 아리스토텔레스는
'낙하 속도는 물체의 무게에 비례한다.'
라고 생각했습니다.
그의 생각대로라면, 어미 코끼리가 새끼 코끼리보다 빨리 떨어지게 됩니다.
사람들은 그의 의견을 진리라고 생각했습니다.

그러나 17세기 이탈리아의 과학자 갈릴레이는 사고 실험을 통해 "무거운 물체와 가벼운 물체를 낙하시키면 동시에 떨어진다."라고 아리스토텔레스의 생각에 반대했습니다.

15. 문헌 조사

갈릴레이는 어떻게 사고 실험을 했을까요?

갈릴레이가 직접 쓴 책이나 관련 서적을 찾아보면 알 수 있을 텐데, 이런 과정을 문헌 조사라고 합니다.

낙하 운동에 대한 갈릴레이의 사고 실험

"(아리스토텔레스의 논리대로) 무거운 물체가 가벼운 물체보다 먼저 땅에 떨어진다고 가정해 보자. 그러면, 무거운 물체와 가벼운 물체를 연결해서 떨어뜨리는 경우는 어떨까? 무거운 물체는 빨리 떨어지려 하고 가벼운 물체는 늦게 떨어지려 할 것이므로, 그 결과는 무거운 물체 하나만인 경우보다는 늦고, 가벼운 물체 하나만인 경우보다는 빨리 떨어져야 할 것이다. 하지만 한편으로는 두 물체가 연결되어 있어서 전체 무게는 더 무거우므로 더 빨리 떨어져야 옳다는 결론도 가능하다."

- 갈릴레오 갈릴레이(Galileo Galilei)《새로운 두 과학-고체의 강도와 낙하 법칙에 관한 대화-(1638)》, 이무현 역, 민음사, 1996.

• 문헌 조사 기재법

논문, 책, 신문, 잡지, 인터넷 게시물과 같은 매체에 글을 쓰는 경우에는 인용했거나 참고한 글의 출처를 밝혀야만 합니다. 이를 소홀히 하면 남의 글을 훔친 것이 되므로 도리에 어긋나는 것이며, 법적인 책임을 져야 할 수도 있습니다.

문헌 조사 후 참고한 서적은 일반적으로 '저자, 책 제목, 번역자, 출판사, 출판연도.' 순으로 기재하는 형식을 따릅니다.

예

갈릴레오 갈릴레이(Galileo Galilei), 《새로운 두 과학-고체의 강도와 낙하 법칙에 관한 대화》, 이무현 역, 민음사, 1996.

※ 기사문, 잡지, 인터넷 게시물에는 글자 수를 줄이기 위해 저자와 책 제목만 기재하기도 합니다.

갈릴레오 갈릴레이(Galileo Galilei), 《새로운 두 과학 - 고체의 강도와 낙하법칙에 관한 대화》, 이무현 역, 민음사, 1996.
갈릴레오 갈릴레이

16. 단순화

갈릴레이 사고 실험에는 생략된 것이 있습니다.

갈릴레이는 공기의 영향에 대해서 말하지 않았습니다.

공기가 물체의 낙하 운동에 영향을 줄 수 있다는 사실을 갈릴레이가 몰랐을 리는 없지요.

그러나 그는 공기의 영향을 무시하고 사고 실험의 논리를 전개했습니다.

이처럼 사소한 영향들은 무시하고, 단순한 상황으로 가정하여 탐구하는 과정을 단순화라고 합니다.

단순화는 동그라미로 해나 달을 그리거나, 구불구불한 선으로 길이나 뱀을 그리는 것과 같습니다.

복잡한 자연의 상태를 실제와 완전히 똑같은 상태로 놓고 무엇을 생각하거나 이론을 만드는 것은 불가능하므로, 과학은 단순화를 통해서 큰 틀의 이론을 고안하게 됩니다.

17. 장치 실험

기술의 발달로 과학의 탐구 범위도 크게 확장되었습니다.

전국 여러 곳의 과학 전시관에서는 쇠 구슬과 마른 낙엽을 동시에 떨어뜨리는 진공 유리관 장치를 관람할 수 있습니다.

놀랍게도, 쇠 구슬과 마른 낙엽은 같은 속도로 낙하하여 바닥에 동시에 떨어집니다.

낙하 운동의 일반화된 법칙

진공 상태이거나 또는 공기의 영향을 무시할 수 있다면, 질량이 큰 물체와 작은 물체는 동시에 떨어진다.

⇨ 진공 유리관 속에서 낙엽과 쇠 구슬은 같은 속도로 낙하하여 동시에 떨어진다.

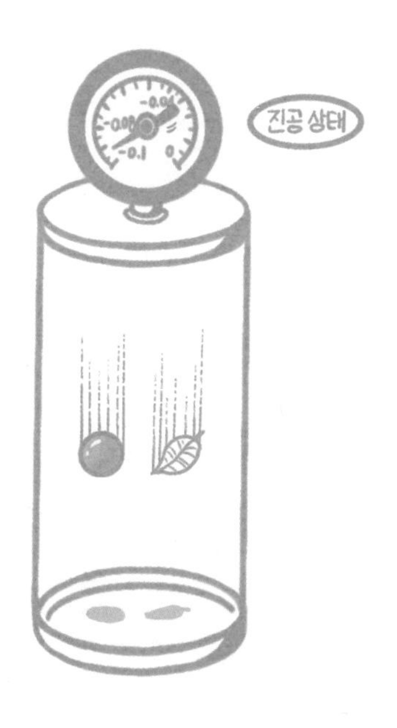
진공 상태

2.

사람들은 왜 다투는 것일까?

사람은 작은 우주라고 할 만큼 복잡한 존재입니다.
또한 사람의 마음이나 정신은 보이지도 않고 만질 수도 없는 추상적인 대상이므로 물리 법칙처럼 명쾌한 이론을 세우기도 어렵지요.
그럼에도 불구하고 평화롭고 행복한 사회를 만들기 위해서는 사람답게, 아름답게 사는 법을 연구해야 합니다.
그렇지만 사람을 대상으로 실험해서는 안 되므로 자연 과학과는 다른 연구 방법을 써야 합니다.

연구 방법이 제한적일수록 '문제 인식'이 더욱 중요해집니다.
이 장에서는〈사람들은 왜 다투는 것일까?〉를 연구 주제로 놓고 문제 인식을 시작해 봅니다.

1. 문제 인식

사람들은 왜 다투는 것일까?

질문이 어렵다고 느껴질 때는, 질문이나 생각의 방향을 여러 가지로 바꾸어 봅니다. 이와 같은 과정을 일컬어 발상의 전환이라고 합니다.

발상의 전환 Ⅰ – 육하원칙

사람들은 누구와 다투는 것일까?

사람들은 언제 다투는 것일까?

사람들은 어디서 다투는 것일까?

사람들은 무엇 때문에 다투는 것일까?

사람들은 어떻게 다투는 것일까?

'누가, 언제, 어디서, 무엇이, 어떻게, 왜'를 육하원칙이라고 합니다. 육하원칙은 문제 인식의 훌륭한 도구라고 할 수 있습니다.

사람들은 누구와 다투는 것일까?

질문을 '누구'로 바꾼 후에는 어떤 생각이 듭니까?

모르는 사람, 아는 사람?

부부, 연인?

부모-자녀, 형제자매?

친구, 동료, 선후배?

검토

《표준국어대사전》은 '다툼'을 '의견이나 이해의 대립으로 서로 따지며 싸우는 일'이라고 간결하게 풀이했습니다.

의견이나 이해의 대립은 누구와 흔히 생기는 것일까요?

자주 만나게 되는 사람과 주로 생기겠지요?

그렇지만 지하철이나 시장처럼 붐비는 곳에서는 낯선 사람과 다투게 될 가능성이 있습니다.

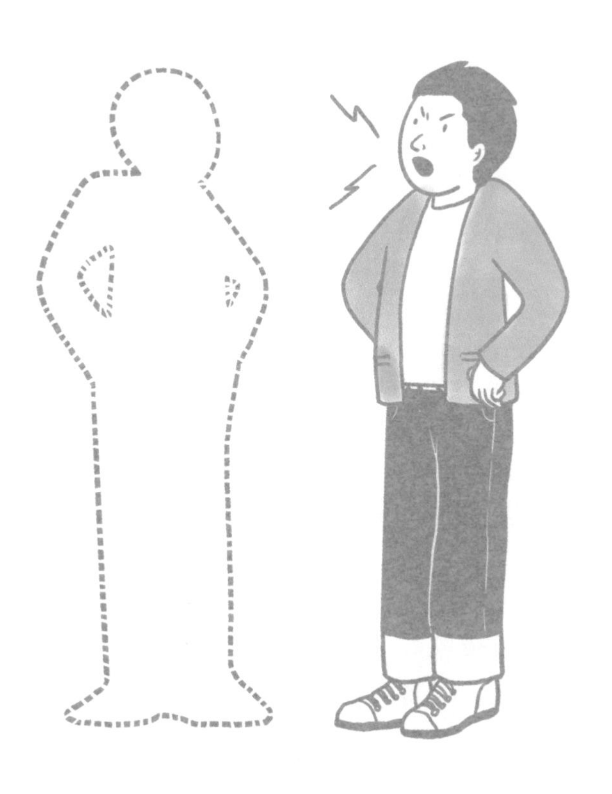

사람들은 언제 다투는 것일까?

질문을 '언제'로 바꾼 후에는 어떤 생각이 듭니까?

아침, 점심, 저녁?

평일, 휴일, 명절?

봄, 여름, 가을, 겨울?

시도 때도 없이?

검토

'언제'로 시작하는 주제는 연구 가치가 있습니다.

저녁에 다투는 경우가 많을 수도 있고, 명절에 다투는 경우가 많을 수도 있고, 혹시 계절에 따라 다를지도 모릅니다.

사람들은 어디서 다투는 것일까?

질문을 '어디서'로 바꾼 후에는 어떤 생각이 듭니까?

집에서?

학교에서?

직장에서?

거리에서?

인터넷 공간에서?

검토

집, 학교, 직장, 거리는 사람과 사람이 얼굴을 마주하고 만나는 공간이고, 인터넷은 얼굴을 마주하지 않고 신분을 감출 수도 있는 공간이라는 점에서 차이가 있습니다.

신분이 드러날 때와 감춰질 때 어떤 차이가 있을지도 좋은 탐구 주제가 될 수 있습니다.

사람들은 무엇 때문에 다투는 것일까?

질문을 '무엇'으로 바꾼 후에는 어떤 생각이 듭니까?

돈 때문에?

술 때문에?

성격 때문에?

감정 때문에?

검토

돈, 술, 성격, 감정 어떤 것이 적절한 요인이 될 수 있을까?

적절한 요인이 무엇인지 모르겠다면, 상황을 반대로 가정하여 판단해 봅니다.

발상의 전환 II – 반대 가정

반대 가정이 맞을 듯하다면 △, 틀릴 듯하다면 ×로 표기합니다.

→ 돈이 많으면 다투지 않는다 (×)

→ 술 마시지 않은 사람은 다투지 않는다 (×)

→ 성격이 좋은 사람은 다투지 않는다 (△)

→ 감정이 좋으면 다투지 않는다 (△)

검토

심리학에서 분류하는 성격은 좋고 나쁨이 없습니다. 누구나 자기 취향에 맞는 사람의 성격을 좋다고 여길 뿐입니다. 그러므로 내 생각에 성격이 좋다고 생각하는 사람일지라도 얼마든지 남과 다툴 수 있습니다.

감정에는 기쁨, 분노, 슬픔, 즐거움, 우울, 불안, 두려움, 놀라움, 짜증, 역겨움, 질투, 시기 등이 있습니다.

사람들은 어떻게 다투는 것일까?

질문을 '어떻게'로 바꾼 후에는 어떤 생각이 듭니까?

상대의 잘못을 탓하며?

큰 목소리로?

고함치고 물건 던지며?

심할 때는 몸싸움도?

검토

사소한 말다툼이 방아쇠 역할을 하여 큰 싸움으로 번지는 경우도 흔히 있습니다.

왜 이성을 잃고 다투게 되는 것일까요?

생리의학에서는 그 이유를, 스트레스 상황에서 체내 흥분 호르몬이 쏟아지면 분노 조절이 어렵기 때문이라고 설명합니다.

사람들은 왜 다투게 되는 것일까?

원래의 질문 '왜'로 돌아가 다툼의 동기나 과정을 생각해 봅니다.

괜히 짜증이 나서?
이거 해라 저거 해라 잔소리하고 명령해서?
내 말을 안 믿어 주고 의심해서?
놀리고 빈정대서?

검토

대화는 핑퐁처럼 주고받는 의사소통 방식입니다.

잔소리, 명령, 불신, 빈정거림 등은 기분을 상하게 하여 짜증, 분노, 우울, 불안, 역겨움 같은 부정적인 감정을 느끼게 만듭니다.

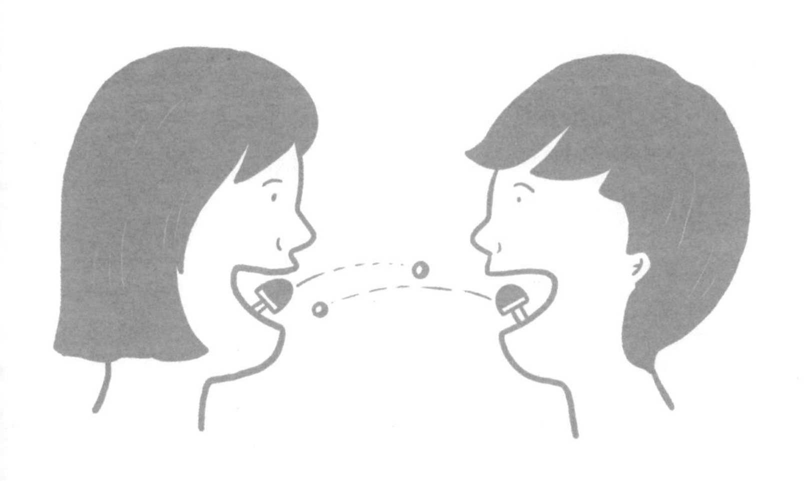

2. 가설 설정

사람들은 왜 다투는 것일까?

앞에서 살펴본 문제 인식의 결과를 종합하여 정리한 후 가설을 세워 봅니다.

문제 인식 정리

- 다툼은 의견의 대립에서 비롯된다.
- 의견은 대화, 표정, 몸짓, 행동 등으로 주고받는다.
- 의견을 주고받는 과정을 '의사소통'이라고 한다.
- 잔소리, 명령, 비꼬는 말투나 표정은 감정을 상하게 한다.
- 감정이 상하면 친밀한 대화가 어려워지며 말다툼하게 될 수도 있다.

가설 설정

두 사람이 대화할 때, 의사소통 방식이 좋지 않으면 친밀한 대화를 할 수 없고 다투게 될 수 있다.

3. 탐구의 설계

가설이 맞는지를 어떻게 알아낼 수 있을까요?

가설을 입증하기 위해 탐구 방법을 계획하는 일을 탐구의 설계라고 합니다.

다툰 경험이 있는 사람에게 물어봐야 하지 않을까?

그렇지요!

사람 사이의 일은 실험실에서 알아낼 수가 없습니다.

사람의 일은 사람에게 물어봐야 합니다.

어떻게 물어볼까요?

면접(인터뷰)

종이가 귀했던 과거에는 상담에 종사하는 심리학자들이 내담자(상담을 받는 사람)와 이야기를 나누며 정보를 수집했습니다.

심리상담자가 내담자의 이야기를 들을 때는 말과 표정, 버릇이나 행동 등을 주의 깊게 관찰하므로, 이를 학문 용어로는 면접 관찰 또는 임상 관찰이라고 합니다.

설문 조사

알고 싶은 특정한 주제에 대하여 질문지를 만들고 사람들에게 물어 조사하는 것을 설문 조사라고 합니다.

설문 조사는 방법에 따라서 면접 설문, 우편 설문, 전화 설문, 인터넷 설문 등이 가능합니다.

설문지 형식은 학교 시험처럼 선택형, 서술형 모두 가능하지만, 척도 질문이라는 형식이 가장 많이 쓰입니다.

O
X

척도 질문의 예시

척도 질문은 답하기도 편리하고, 여러 응답자의 평균 점수를 산출하여 활용하기에도 좋은 장점이 있습니다.

친구와의 대화에서, 당신의 대화 태도를 평가해 주세요.					
	매우 그렇다	그렇다	그저 그렇다	그렇지 않다	매우 그렇지 않다
다정하게 말하는 편이다	5 ○	4 ○	3 ○	2 ○	1 ○
솔직하게 말하는 편이다	5 ○	4 ○	3 ○	2 ○	1 ○
비속어를 많이 쓰는 편이다	5 ○	4 ○	3 ○	2 ○	1 ○

척도 분포의 예시

척도 질문은 5점 척도가 많이 쓰이지만, 연구 내용에 따라 7점 척도, 10점 척도로 질문지를 만들 수도 있습니다. 설문 목적에 따라 플러스, 마이너스 점수로 표기할 수도 있습니다.

어른에게 훈계나 꾸중을 들었을 때, 어떤 감정이 들었는지 평가해 주세요.

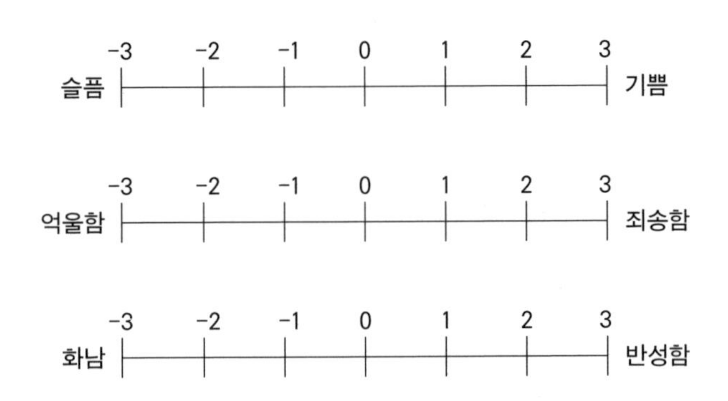

0
-3
-1
1
-2
2
3
0
1

4. 설문 조사 결과 분석 종합하기

설문 조사는 '문제 인식'과 '가설 설정'이 얼마나 맞는지를 확인해 보는 증거 자료입니다. 설문 조사 내용을 토대로 가설을 수정하고 보완해야 하며, 때로 가설을 폐기해야 할 경우도 생깁니다.

성인 남녀를 대상으로 한 의사소통 방식 설문 조사에서 몇 가지 새로운 사실이 발견되었습니다.

설문 조사를 통해 파악한 새로운 사실

1. 성인인데도 철없는 아이처럼 말할 때가 있다.
2. 부모의 말투나 행동을 그대로 따라 하기도 한다.
3. 부모와는 다르게 생각하고 자기만의 사고방식으로 말할 때도 있다.

5. 가설 수정 또는 보완하기

문제 인식을 통해, 처음 설정한 가설에 설문 조사를 통해 파악한 새로운 사실을 덧붙여 봅니다.

처음 설정한 가설

두 사람이 대화할 때, 의사소통 방식이 좋지 않으면 친밀한 대화를 할 수 없고 다투게 될 수 있다.

설문 조사를 통해 파악한 새로운 사실

사람은 아이처럼 말하기도 하고, 부모처럼 말하기도 하고, 자기만의 사고방식으로 말하기도 한다.

설문 조사를 통해 파악한 새로운 사실에는 의사소통에 걸림돌이 될 수 있는 원인이 포함되어 있습니다.

이에 대해 생각해 봅니다.

아이처럼 말하기도 하고, 부모처럼 말하기도 하고, 자기만의 방식으로 말하기도 한다면, 상황에 맞는 방식으로 말을 가려서 해야겠는데?

'상황에 따라서 말을 가려서 해야 한다'라는 문제 인식은 새로운 가설의 토대가 됩니다.

검토

단체 생활 장면에서 자주 철없는 아이처럼 말하면, 다른 사람들로부터 '개념 없다'라는 평가를 듣게 될 수 있습니다.

남에게 마치 부모가 훈계하듯이 말하면 어떻게 될까요?

내 부모가 훈계해도 언짢은데 하물며 그런 식으로 말하면 상대방의 기분이 상할 수밖에 없습니다.

어른은 어른답게 남의 말을 경청하고 진실한 대화를 할 줄 알아야 합니다.

어른은 경험이 많으므로 상황에 따라서 말을 더 잘할 수 있지 않나? 그런데도 말싸움은 어른이 더 많이 하는 것 같은데?

어른은 아이보다 경험이 많은데, 왜 바보처럼 싸울까요?

검토

어린이는 어린이의 역할만 하면 되지만, 어른이 되면 동시에 여러 가지 역할을 해야 합니다.

자식의 도리도 해야 하고, 부모의 역할도 해야 하고, 후배의 역할도 해야 하고, 선배의 역할도 해야 하고, 부하 직원의 역할도 해야 하고, 지시를 내리는 사장이나 상사의 역할도 해야 하고….

이처럼 어른은 여러 편의 영화에 동시 출연하는 배우처럼 다양한 인간관계에 놓이기 때문에 말하기 대본을 들고 외운다고 해도 말실수할 가능성이 더 큽니다.

친구
팀장
연인

6. 모형 이론

사람의 신비로운 정신세계에 대해서는 물리 법칙처럼 명쾌한 이론을 만들 수가 없습니다.

이런 경우에 과학자들은 단순한 형태의 모형 이론model theory을 만들고 적용해 보며 연구하는 방법을 택합니다.

의사소통에 관한 모형 이론에는 여러 가지가 있지만, 이 책에서는 에릭 번이라는 학자가 만든 의사소통 모형 이론의 개요를 알아보기로 합니다.

7. 선행 이론 탐구

심리학자 에릭 번(Eric Berne, 1910~1970)은 사람의 마음이 '아이 자아', '부모 자아', '어른 자아'로 구성되어 있다고 가정하여 사람들의 의사소통 모형 이론을 만들고 Transactional Analysis라는 제목을 붙였습니다.

그의 이론은 영어 약자로 TA, 한국어로는 **교류 분석**이라고 합니다.

아이 자아
어른 자아
부모 자아

※ 기본 개념과 가정

- 교류 : 언어(말과 글)와 신체 언어(눈빛, 표정, 몸짓, 태도 등)로 나누는 의사소통 행위
- 자아(自我, ego) : 생각하고 행동하는 주체로서의 나
- 자아 상태 : 사람은 세 가지 자아 상태를 가지고 있다.

  부모 자아 상태 P(Parent ego state)

  어른 자아 상태 A(Adult ego state)

  아이 자아 상태 C(Child ego state)
- 사람은 대화나 생활 장면에서 P, A, C 세 가지 자아 상태 중의 하나로 반응한다.

  P : 부모의 생각이나 행동을 모방한 상태

  A : 자기의 경험으로 터득한 생각을 따르는 상태

  C : 어릴 때의 태도나 감정을 따르는 상태

P
C
A

• 자아 상태를 도식화하면 다음과 같다.

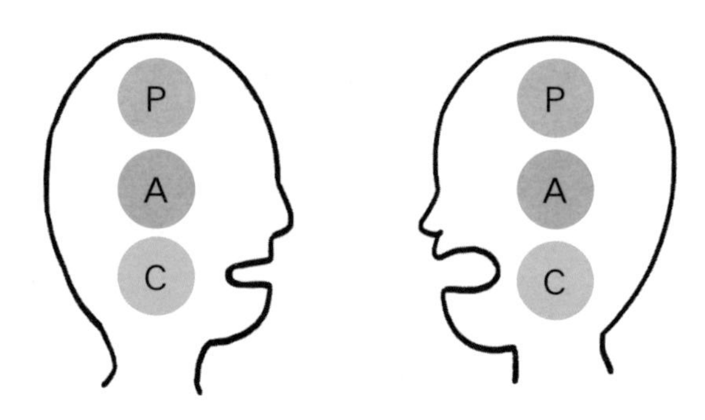

'나'와 '자아'의 차이점

(예시) 나는 배가 고파져서 라면을 먹어야겠다고 생각했다.

이 경우 배가 고픈 것도 '나'고, 라면을 먹겠다고 생각한 것도 '나'입니다. 그런데 라면은 '나'가 선택할 수 있지만, 배고픔은 '나'가 선택할 수 없는 생리적 본능입니다.

나=배고픈 나(본능)+라면을 선택한 나(자아)

교류 구분 1 : 상호 보완적 교류

대화하는 사람의 의사소통 경로가 평행한 상태로 대화를 지속할 수 있음

예시 1

딸: 엄마, 나 사랑해? (아이 자아 상태 C)

엄마: 그럼, 너무너무 사랑하지. (부모 자아 상태 P)

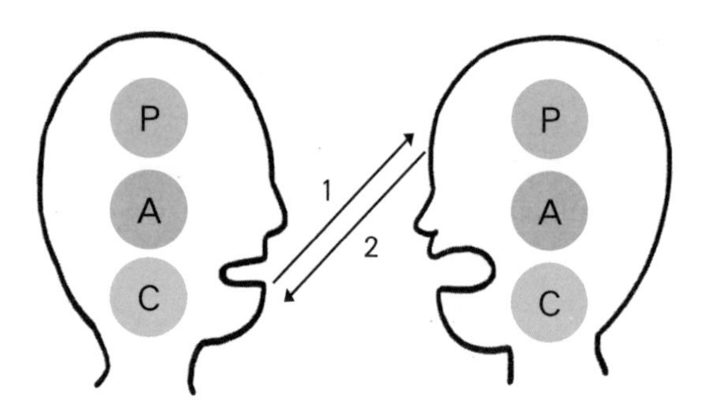

1과 2의 의사소통 경로 : 평행

⇨ 딸과 엄마 사이에 다정한 의사소통이 이루어지는 교류 상태 (아이 C ⇄ 부모 P)

C♥
P♥

예시 2

남편: 여보, 내 양말 어디 있어요? (어른 자아 상태 A)

아내: 서랍장 맨 아래 칸에 있어요. (어른 자아 상태 A)

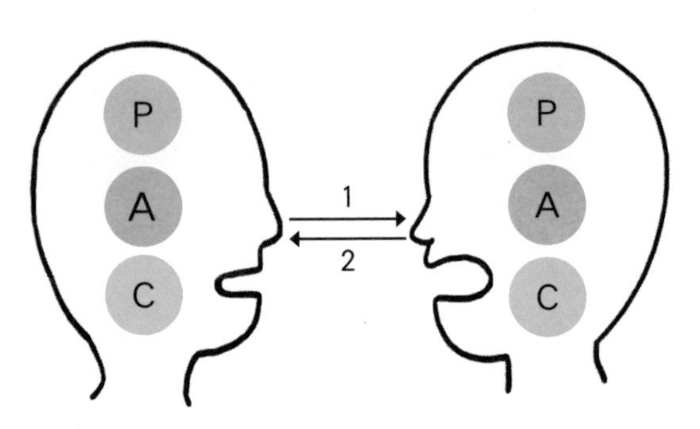

1과 2의 의사소통 경로 : 평행

⇨ 남편과 아내 사이에 담백한 의사소통이 이루어지는 교류 상태 (어른 A ⇄ 어른 A)

A
A ?

교류 구분 2:교차적 교류

대화하는 사람의 의사소통 경로가 교차하여 대화가 단절됨

예시 3

직원: 사장님, 문서 결재를 부탁드립니다. (어른 자아 상태 A)

사장: 이걸 이제야 올리나? 쯧쯧…. (부모 자아 상태 P)

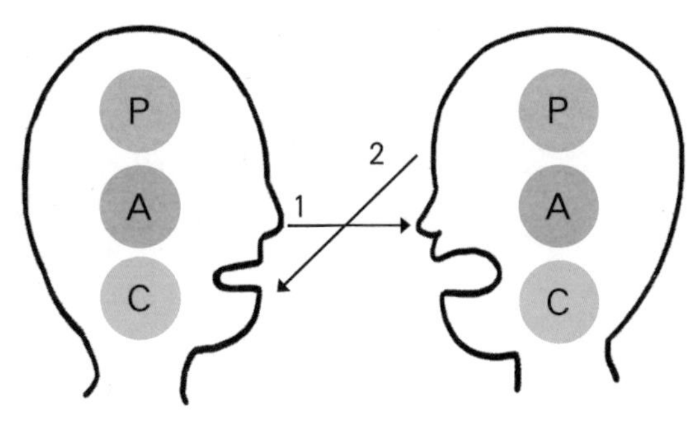

1과 2의 의사소통 경로 : 교차

직원은 사장에게 예의를 갖추어 정중하게 말함 (어른 A → 어른 A)

사장은 아이 나무라듯이 혀를 차며 말함 (부모 P → 아이 C)

⇨ 감정을 상하게 하는 좋지 못한 교차적 교류 상태로 의사소통이 단절될 수 있음

C
A
A
P

예시 4

친구 갑 : 요즘 애들은 너무 오냐오냐 키워서 영 버릇이 없어. (부모 자아 상태 P)

친구 을 : 글쎄, 생각하기 나름이지. 나는 요즘 아이들이 솔직해서 좋던데. (어른 자아 상태 A)

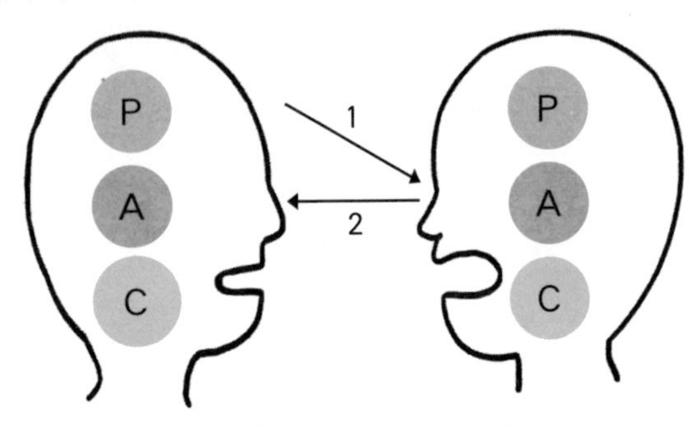

1과 2의 의사소통 경로 : 교차

갑은 부모 자아 상태에서 을에게 공감하기를 바라고 있음 (부모 P → 어른 A)

을은 어른 자아 상태로 갑에게 자기 의견을 말함 (어른 A → 어른 A)

⇨ 을이 갑에게 공감하지 않았으므로, 의사소통이 활발하게 진행될 수 없음

P
A

8. 결론 및 논의

사람은 자기 생각이 옳다고 믿고 싶은 까닭에 타인의 다른 생각이나 의견을 인정하기 싫어하는 성향이 있습니다.

그러한 성향이 너무 강하면 타인과의 의사소통이 단절되고 다툼이 일어날 수 있습니다.

에릭 번의 교류 분석은 타인과 평행한 눈높이로 대화하면 의사소통에 문제가 생기는 것을 줄일 수 있다는 이론입니다.

듣기와 말하기만 잘해도 인생은 훨씬 행복해질 수 있습니다. 듣기와 말하기 능력을 기르는 방법은 무엇일지 각자 생각해 보도록 합니다.

3.

뉴스나 기사의 진실성은 어떻게 판단할 수 있을까?

인터넷 검색창을 두드리는 것이 일과가 된 오늘날, 내가 보는 뉴스나 정보가 진짜인지 가짜인지 궁금하지 않습니까?
"가짜 뉴스일까, 진짜 뉴스일까?"
위와 같은 질문을 **함정 질문**이라고 합니다.
'가짜가 아니면 진짜'라는 착각을 유도하기 때문입니다.

대중 매체를 통해 전달되는 뉴스가 전부 가짜일 가능성은 없을까요?
한 사건에 대해 보도한 기사들을 모아서 시간 순으로 놓고 비교해 보세요.
보도 내용이 시종일관 일치하는 기사가 과연 있기는 할까요?

이 장에서는 대중 매체를 통해 전달되는 뉴스와 정보의 가치 판단에 대한 문제 인식의 과정을 밟아 보겠습니다.

기본 용어 정의(출처: 국립국어원 표준국어대사전)

뉴스(news)

1) 새로운 소식을 전해 주는 방송 프로그램

2) 일반인에게는 잘 알려지지 아니한 새로운 소식

기사(記事)

1) 사실을 적음. 또는 그런 글

2) 신문이나 잡지 따위에서, 어떠한 사실을 알리는 글

정보(情報)

관찰이나 측정을 통하여 수집한 자료를 실제 문제에 도움이 될 수 있도록 정리한 지식 또는 그 자료

콘텐츠(contents)

인터넷이나 컴퓨터 통신 등을 통해 제공하는 각종 정보나 그 내용물

매스 미디어(mass media)=대중 매체

신문, 잡지, 텔레비전, 라디오, 영화와 따위와 같이 많은 사람에게 대량으로 정보와 사상을 전달하는 매체

※ 컴퓨터, 노트북, 스마트폰, 태블릿PC를 신 미디어(new media)로 신문, 잡지, 라디오, 텔레비전, 영화를 구 미디어(old media)로 부르기도 한다.

매스컴(mass communication)

신문, 영화, 잡지, 텔레비전 따위의 대중 매체를 통하여 대중에게 많은 정보를 전달하는 일 또는 그 기관

언론(言論)

1) 개인이 말이나 글로 자기 생각을 발표하는 일 또는 그 말이나 글
2) 매체를 통하여 어떤 사실을 밝혀 알리거나 어떤 문제에 대하여 여론을 형성하는 활동

신문(新聞)

1) 새로운 소식이나 견문

2) 사회에 발생한 사건에 대한 사실이나 해설을 널리 신속하게 전달하기 위한 정기 간행물

   일반적으로는 일간(매일 발행)으로 사회 전반의 것을 다루지만, 주간·순간·월간으로 발행하는 것도 있으며, 기관지·전문지·일반 상업지 따위도 있다.

3) 신문 기사를 실은 종이

매거진(magazine)

여러 가지 내용의 글을 모아 편집해서 펴내는 정기 간행물. 주간지, 월간지, 계간지 등이 있다. (출처: 네이버 국어사전)

웹진(webzine)

출판하지 아니하고 인터넷상으로만 만들어 보급하는 잡지

NEWS

1. 문제 인식

뉴스나 기사의 진실성은 어떻게 판단할 수 있을까?

뉴스나 기사는 '사실'과 '의견'으로 구성되어 있습니다.

사실

사실은 '실제로 일어난 사건이나 현상'을 말합니다.

일어나지 않은 일을 일어난 것처럼 보도하거나, 일어난 일을 일어나지 않은 것처럼 보도한다면 명백한 가짜 뉴스가 됩니다.

기자가 취재 과정에서 사실을 잘못 파악하여 오보 기사를 내는 경우도 종종 있습니다.

NEWS
NEWS
FAKE
FAKE
FAKE
FAKE
FAKE

의견

뉴스와 기사는 객관적이고 공정한 보도 형식을 취하고 있지만, 기사를 쓴 사람의 의견이 반영되어 있습니다.

기사를 쓰는 사람은 의견을 뒷받침하기 위해 인터뷰, 자료조사, 자문, 인용 등 다양한 정보 자료를 활용합니다.

다양한 정보 자료 중에서 어느 것을 선택하여 활용할지는 기사를 쓰는 사람의 선택에 달려 있습니다.

2. 진실성 판단

1) '사실'과 '의견'을 구분해서 판단합니다.

[기사 1] 손흥민이 2021-2022 잉글랜드 프리미어 리그 개막전에서 맨체스터 시티를 상대로 리그 1호 골에 성공하며 팀에 승리를 안겼다.

얼핏 보기에 [기사 1]은 사실만을 서술한 것처럼 보입니다.

그러나 '승리를 안겼다'라는 문장에 '의견'이 포함되어 있습니다.

손흥민이 전반적으로 경기를 잘했고 승리를 확정하는 결승 골을 넣은 것이 사실이라면, '승리를 안겼다.'라는 표현에 무리가 없을 것입니다.

그런데 만약 페널티킥 기회가 세 번 주어졌는데, 두 번을 실패하고 한 번만 성공시켜서 간신히 이긴 경우라면 어떨까요?

이 경우에는 '승리를 안겼다.'라는 표현을 쓸 수 없을 겁니다.

7
X
X
O

2) '기사의 진실성'과 '내용의 진실성'을 별개로 판단합니다.

[기사 2] 동강댐건설추진평가단은 동강댐을 건설하면 매년 발생하는 고질적인 수해를 예방할 수 있고, 전력을 생산하여 수조 원의 경제 효과가 있을 것으로 전망했다.

[기사 2]는 기사문을 쓴 사람의 의견이 없고, 평가단이 전망한 내용에 대해서만 전달하고 있습니다.

그러므로 기사문 자체는 진실할 수 있습니다.

그러나 기사에 포함된 내용도 진실한 것인지는 알 수가 없습니다.

수해 예방 효과가 과연 얼마나 있을까요?

수조 원의 경제 효과 전망은 신뢰할 수 있는 정보일까요?

전문가의 의견이므로 비판 없이 수용하면 될까요?

모든 분야에 능통한 절대적 전문가는 없습니다.

전문가로 구성된 평가단의 의견일지라도 오류는 있게 마련이며 한쪽으로 치우친 편견일 가능성이 항상 존재합니다.

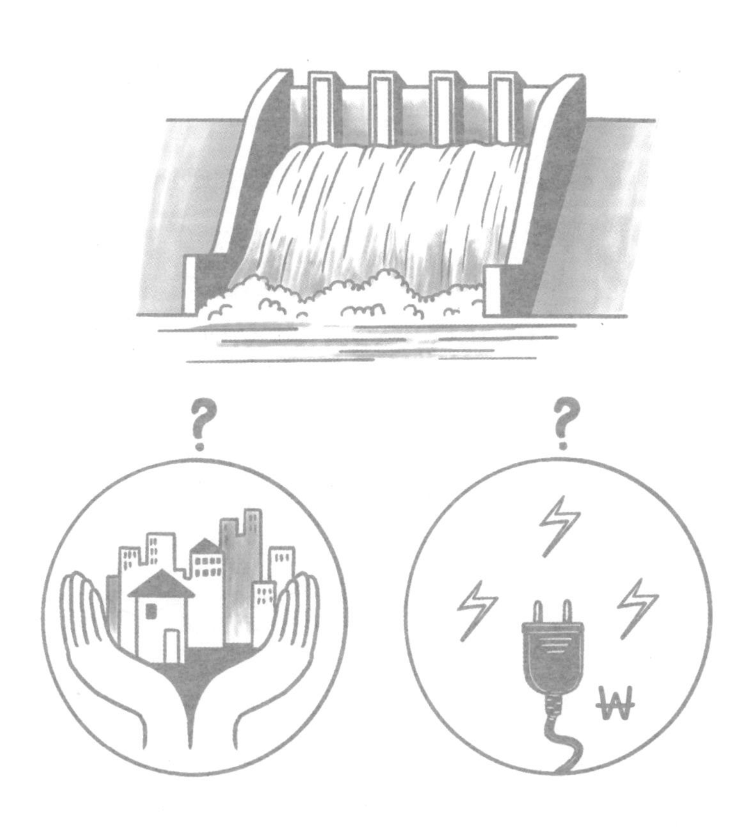

3) 인용 기사의 불확실성 & 근거 자료가 없는 주장

[기사 3-1] 루마니아, 한국에 모더나 백신 45만 회분 무상 지원

루마니아 정부가 코로나19 모더나 백신 45만 회분을 한국에 기부하기로 했다고 루마니아 국영통신 아제르프레스 등이 21일 보도했다. 보도에 따르면 루마니아 정부는 인도적 차원에서 이번 지원을 승인했다. ⓒ S신문 발췌

[기사 3-2] '땡큐 루마니아'… 韓에 유통기한 임박 모더나 45만 회분 기부

루마니아 정부가 유통기한이 임박한 신종 코로나바이러스 감염증(코로나19) 모더나 백신 45만 회분을 한국에 기부하기로 했다고 현지 국영 통신이 전했다. 현지 매체 '루마니아 인사이더'는 루마니아에서 백신 접종 계획이 느린 속도로 진행됐고, 기증되는 백신들은 유통기한이 임박한 것이라고 설명했다. ⓒ J일보 발췌

[기사 3-1], [기사 3-2]는 동일 사건을 다룬 기사입니다.

[기사 3-1]은 〈루마니아 국영통신 아제르프레스〉의 기사를 인용하는 형식으로 보도하는 기사이고,

[기사 3-2]는 〈현지 국영통신〉과 〈루마니아 인사이더〉의 기사를 조합하여 보도하는 형식을 취하고 있습니다.

COVID19
VACCINE
moderna

[기사 3-1]과 [기사 3-2]의 차이는 무엇일까?

[기사 3-1]은 '인도적 차원'을 간접적으로 언급했고, [기사 3-2]는 '유통기한이 임박'을 직간접적으로 3회 언급했습니다.

⇨ [기사 3-1]은 외국 통신(외신)을 인용하여 전달하는 기사입니다.

국제 뉴스는 자국의 위상을 높이거나 교역에 유리하도록 홍보성 기사를 내는 경우가 많습니다. 무상 지원이 확실한지는 시행 여부를 지켜보아야 합니다. (이후 무상 지원이 아니라 우리나라가 백신 대신 의료기기 등으로 갚는 백신 스와프 형식임이 밝혀짐)

⇨ [기사 3-2]의 제목은 '땡큐'와 '유통기한 임박'을 조합하여 반어법으로 비꼬는 표현을 썼습니다.

'유통기한 임박'이 독자에게 꼭 전달해야 할 중요한 내용이라면, 백신의 유통기한에 대한 상세한 정보와 우려되는 문제점까지 조사하여 기사문을 작성해야 합니다.

근거 자료를 제시하지 않은 기사는 주장에 불과합니다.

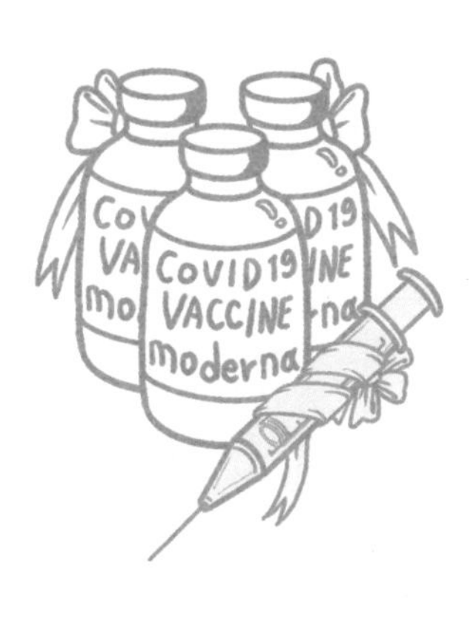
CoVID 19
VACCINE
moderna

COVID 19
VACCINE
moderna

4) 취재의 방향성

[기사 4-1] 정부는 코로나19로 어려움을 겪는 소득 기준 하위 80%의 국민에게 재난지원금을 지급하기로 했다. 정부의 결단에 거리의 시민들은 대체로 환영과 지지를 표하는 분위기다. 동대문에서 포목상을 하는 A씨는 "…."라고 했고, 남대문에서 음식점을 하는 B씨는 "…."라고 말하며 환영의 뜻을 표했다.

[기사 4-2] 정부는 코로나19로 어려움을 겪는 소득 기준 하위 80%의 국민에게 재난지원금을 지급하기로 했다. 이번 조치에 대해서 불만을 표하는 시민들이 늘고 있다. 대기업 사원인 C씨는 "…."라고 말했고, 맞벌이 부부인 D씨는 "…."라고 말하며 실망감을 드러냈다.

[기사 4-1]와 [기사 4-2]는 정부의 재난지원금 지급 결정과 관련한 기사입니다.

기사문은 취재한 사실을 중심으로 서술하고 있어서 기사를 쓴 사람의 의도가 직접적으로 드러나지는 않습니다.

NEWS

그런데 취재의 방향에는 두 가지가 있습니다.

하나는 기사의 논점을 미리 정하고 취재하는 경우이고, 또 하나는 취재한 후에 기사의 내용을 정리하는 경우입니다.

어떤 일에 대한 사람들의 평가는 항상 찬성과 반대가 있게 마련이므로, 기사를 쓰는 사람의 의도에 따라 선택적으로 취재 방향을 결정할 수 있습니다.

[기사 4-1]와 [기사 4-2]는 어떤 방향으로 쓴 기사일까요?

5) 여론 조사의 기댓값 문제

여론 조사를 다룬 기사에는 표본조사 신뢰수준과 표본오차 값이 표기됩니다.

[기사 5] 선거 여론 조사 결과 A 후보의 지지율은 40%, B 후보의 지지율은 35%인 것으로 나타났다.(이번 조사는 전국 성인남녀 천 명을 대상으로 무작위 전화 면접조사로 실시되었고, 신뢰수준 95%, 표본오차는 ±3.0%포인트이다.)

95% 신뢰수준에 표본오차 ±3.0%는 무엇을 의미하는 것일까?

'95% 신뢰수준'은 똑같은 조사를 100회 반복했을 때, 95회는 비슷한 결과가 나올 것이라는 통계수학의 기댓값입니다.

표본은 집단에서 선택된 일부의 개체(사람)를 의미합니다.

표본오차는 검사를 반복했을 때 조사 결과치가 달라질 수 있는 범위를 의미합니다.

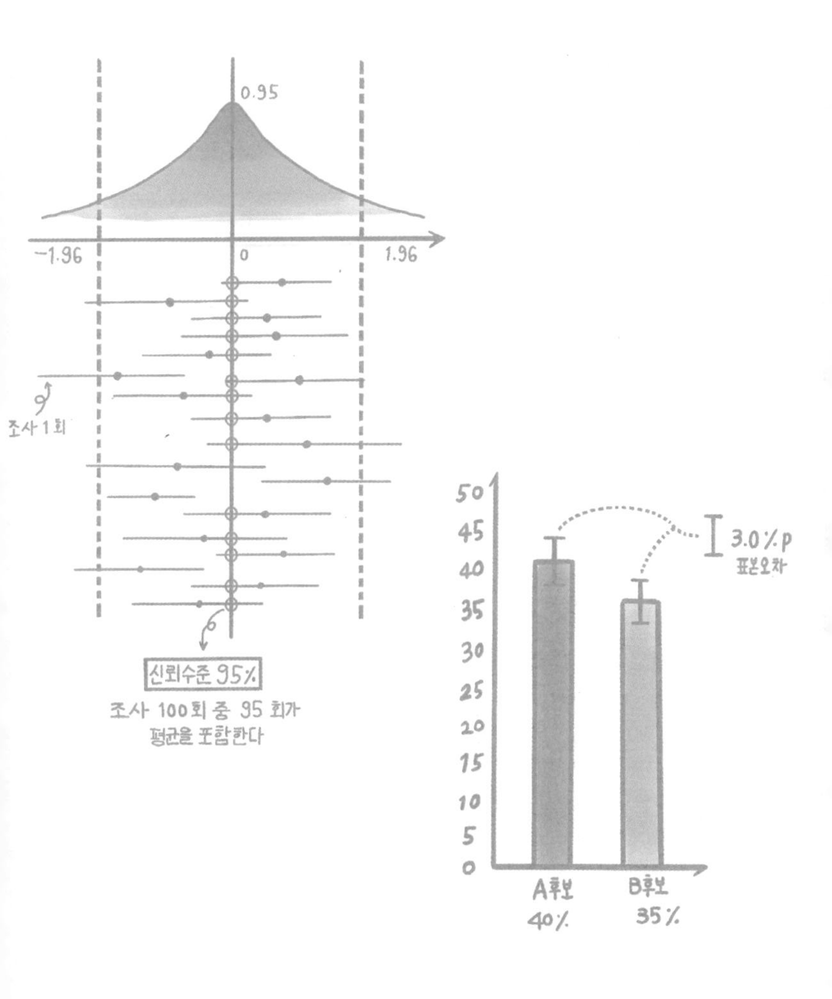
0.95
-1.96
0
1.96
조사 1회
신뢰수준 95%
조사 100회 중 95 회가
평균을 포함한다
50
45
40
35
30
25
20
15
10
5
0
3.0%p
표본오차
A후보
40%
B후보
35%

[기사 5]를 알기 쉽게 풀면 다음과 같습니다.

똑같은 조사 100회를 실시한다면 95회는 A 후보의 지지율이 37~43% 범위에서 나타날 것으로 기대할 수 있고, B 후보의 지지율은 32~38% 범위에서 나타날 것으로 기대할 수 있다.

선거 당사자나 관련자들은 신뢰도보다 표본오차에 더 큰 관심을 가집니다.

A 후보의 평균 지지율이 높기는 하지만, 실제 선거에서 A 후보가 37%를 득표하고 B 후보가 38%를 득표하여, B 후보가 당선될 가능성도 있기 때문입니다.

이런 경우 오차범위 내의 접전이라는 표현을 흔히 씁니다.

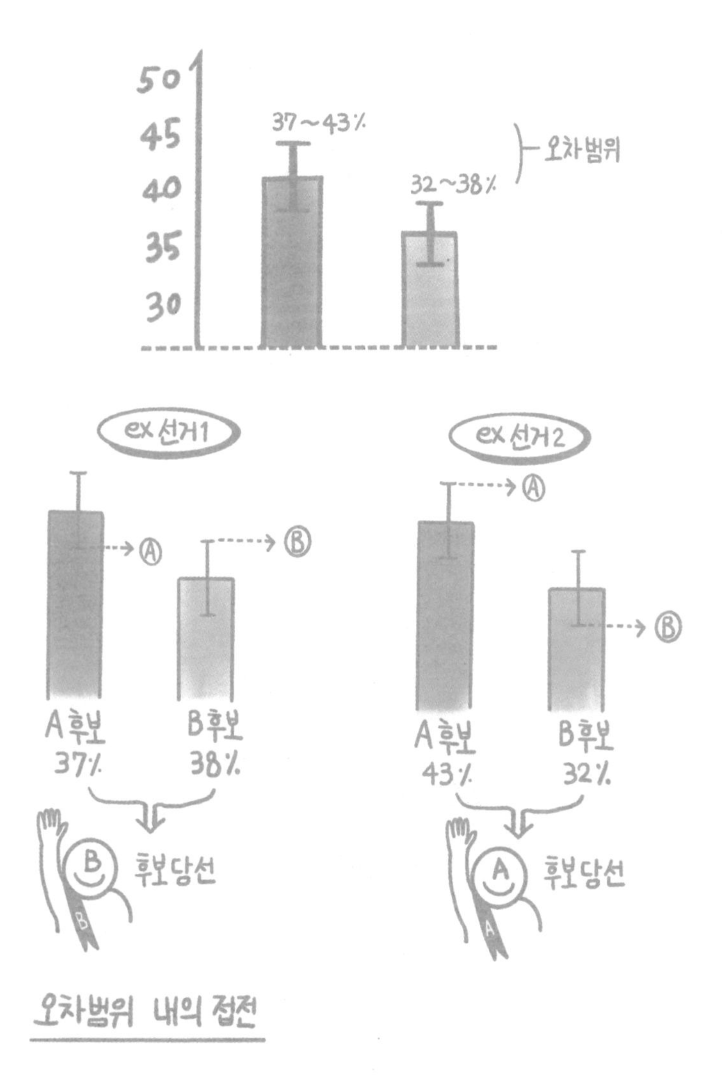
50
45
40
35
30
37~43%
32~38%
오차범위
ex 선거1
ex 선거2
Ⓐ
Ⓑ
A후보 37%
B후보 38%
A후보 43%
B후보 32%
B
후보당선
A
후보당선
오차범위 내의 접전

여론 조사가 대중의 의견을 매우 잘 반영하는 것일까?

여론 조사가 대중의 의견과 매우 잘 일치한다고 가정하면, 여론 조사대로 선거 결과가 나타나야 할 것입니다.

그러나 여론 조사와 다른 결과가 나타나는 경우가 흔히 발생합니다.

왜 그런 것일까요?

사람들이 마음을 숨기고 거짓으로 응답하기 때문일까요?

여론 조사 후에 마음이 바뀌기 때문일까요?

아니면 다른 원인이 있는 것일까요?

여론 조사의 데이터를 좀 더 자세히 살펴봐야 하지 않을까?

아래 표는 어떤 기관의 무작위 유·무선 전화 여론 조사와 관련한 정보입니다.

사용 규모(유선 15799, 무선 80000) 합계	85,799
접촉 실패(통화중, 부재중, 접촉 안 됨, 결번 등)	64,829
접촉 성공	21,975
접촉 후 거절 및 중도 이탈 사례수 (R) 합계	20,970
접촉 후 응답 완료 사례수 (I) 합계	1,005
전체 응답률	4.6%

출처: 중앙선거여론조사심의위원회

이 표는 여론 조사를 위한 전화 접촉에 21,975회 성공했지만, 여론 조사 응답을 완료한 경우가 1,005회밖에 되지 않음을 보여줍니다.

따라서 응답률은 4.6%(=1005÷21975)이고, 미응답률은 95.4%(=20970÷21975)입니다.

이 경우 95.4%의 '숨겨진 여론'을 확인할 수 없으므로 여론 조사의 의미가 많이 퇴색할 수밖에 없습니다.

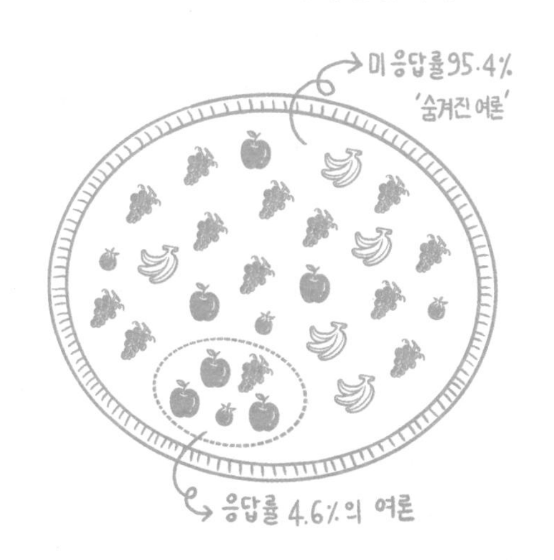

3. 보도 뉴스의 선택과 반응에 대한 문제 인식

신문이나 방송이 대중에게 보도하는 뉴스나 정보는 어떤 것일까요? 지구촌에 일어나는 모든 일을 골고루 공평하게 보도하는 것일까요?

뉴스나 정보는 사람들이 관심 있어 하는 일을 보도하지 않을까?

사람들이 관심 있어 하는 뉴스나 정보는 어떤 것일까요?

어느 인터넷 포털 사이트는 대문에 뉴스 종합, 스포츠, 연예, TV, 쇼핑, 머니, 생활, 동물, 스타일, 자동차, 여행 맛집, 직장인, 웹툰과 같은 분야로 뉴스와 정보를 진열해 놓고 있습니다. 날씨는 누구나 관심을 두므로 상단의 첫 줄에 볼 수 있도록 배치해 둔 것도 눈에 띕니다.

뉴스는 상품과 같습니다.

그러므로 독자들이 관심 있어 하는 것을 많이 반복적으로 보도하는 시장의 원리가 적용됩니다.

다음의 뉴스 중에서 어느 것에 사람들의 관심이 쏠릴까요?

[뉴스 1] 개가 고양이를 물어뜯어 상처를 입혔다.

[뉴스 2] 사람이 고양이를 물어뜯어 상처를 입혔다.

[뉴스 3] 고양이가 쥐를 잡았다.

[뉴스 4] 고양이가 쥐에게 먹이를 물어다 주고 보살폈다.

[뉴스 1], [뉴스 3]은 흔한 일이고,

[뉴스 2], [뉴스 4]는 '과연 이런 일이 있을 수 있을까?' 의심이 들 정도로 희귀한 일입니다.

그러므로 [뉴스 2]와 [뉴스 4]는 상품성이 높은 뉴스겠지요?

신문이나 방송은 이와 같은 사례를 최대한 많이 찾아서 보도하려 합니다. 그래야 광고 수입이 많아질 테니까요.

개가 고양이를 물어... 상처
5천회

사람이 고양이를 물어... 상처
45만회

쥐를 잡은 고양이
2천회

쥐, 먹이고 보살핀 고양이
65만회

희귀한 일을 자주 뉴스로 보면 대수롭지 않은 일처럼 느껴지던데?

희귀한 일을 매일 뉴스로 접한다면, 희귀한 일이 일반적인 일처럼 느껴질 수밖에 없습니다.

"세상에 저런 일이?"

"헐!"

처음에는 놀라던 일도 반복적으로 뉴스를 접하게 되면, 사람들의 대화도 심드렁해집니다.

"저런 일은 일도 아냐."

"그러게."

놀랍던 일이 점차 익숙한 일로 여겨지게 되는 현상을 심리학에서는 둔감화라고 합니다.

범죄 뉴스를 많이 보면 범죄에 둔감해지겠네?

어떤 사기꾼이 범죄를 저지르고 하는 말입니다.

"세상에는 나보다 더한 놈이 많아. 차라리 나는 착한 편에 속하는 사람일걸?"

사기꾼은 무슨 근거로 자기보다 더한 놈이 많다고 주장하는 것일까요? 그가 주로 본 것은 텔레비전이나 인터넷 뉴스입니다.

개인의 양심은 타인의 행동양식을 보고 배우며 발달합니다.

텔레비전이나 인터넷에 몰입하며 사는 사람들은 누구의 행동양식을 보고 배우며 살고 있을까요?

4. 가짜 뉴스에 대한 문제 인식

오른쪽의 그림은 국제도서관연맹이 제시한 가짜 뉴스 판별법입니다.

국제도서관연맹이 제시한 가짜 뉴스 판별법에 따르면 가짜 뉴스를 골라낼 수 있을까?

하나씩 문제 인식을 시작해 봅니다.

HOW TO SPOT FAKE NEWS
정보원 살펴보기
본문 읽기
글쓴이 검색하기
정보 제공 확인하기
날짜 확인하기
풍자 기사인지 확인하기
나의 편견 점검하기
전문가에게 문의하기
IFLA
International Federation of Library Associations and Institutions

ⓒ www. ifla.org

1) 정보원(정보가 흘러나온 근원) 살펴보기

뉴스 사이트의 목적이나 연락처 정보를 알아봅니다.

정보원을 알아보았더니, 전통과 권위를 자랑하는 신문사인 것으로 확인되었습니다.

그렇다고 해서 진짜 뉴스라고 단정할 수 있을까요?

신문사에 전화해서 물어볼까요?

그럼, 진짜 뉴스라고 말하겠지요.

그러나 오래된 신문사도 엉터리 기사를 내보낸 적이 많을 거예요.

그러므로 1번 판별법에 따르더라도 해당 기사가 진실한 뉴스인지는 확신할 수 없습니다.

2) 본문 읽기

제목은 클릭을 유도하기 위해 터무니없이 과장된 것일 수 있습니다. 전체 이야기를 읽으세요.

인터넷으로 전파되는 뉴스가 조회 수를 늘리기 위한 상업주의에 빠지면 선정적이거나 선동적인 제목을 사용하게 됩니다.

오늘날 이러한 경향은 세계적으로 만연되어 특정한 신문사나 방송사에 국한되지 않을 정도입니다.

00, 한줌 허리에 늘씬한 각선미... 독보적 비주얼

아이돌 그룹 **멤버 00가 매거진 커버를 장식했다.

00은 20일 자신의 인스타그램을 통해 매거진 화보 사진을 게재했다.

공개된 사진에는 00이 다채로운 콘셉트로 화보를 촬영한 모습이 담겼다.
자신이 앰버서더로 활동하고 있는 명품 브랜드 의상을 착용한 00은
깔끔한 메이크업에 짧은 하의를 입고 **각선미**를 드러냈으며,
얇은 허리에 탄탄한 복근까지 **노출**해 눈길을 끌었다.
또한 등을 드러내는 의상을 착용한 00은 우아한 매력까지 소화해 시선을 사로잡는다.

한편 00은 개인 유튜브를 운영하며 일상을 공개하고 있다.

선정이거나 선동적인 제목의 기사를 어떻게 받아들이는 것이 좋을까?

시장 경제에서 상업주의를 무조건 나쁘다고 할 수는 없습니다.

속임수처럼 보이는 제목을 대했을 때 소비자인 독자가 할 수 있는 일은 무엇일까요?

선정적이거나 선동적인 기사를 저품질의 기사로 평가하고 냉정하게 외면하는 태도를 보인다면, 기사를 쓰는 사람들이 좀 더 성의 있게 품격 높은 기사를 쓰려고 하겠지요.

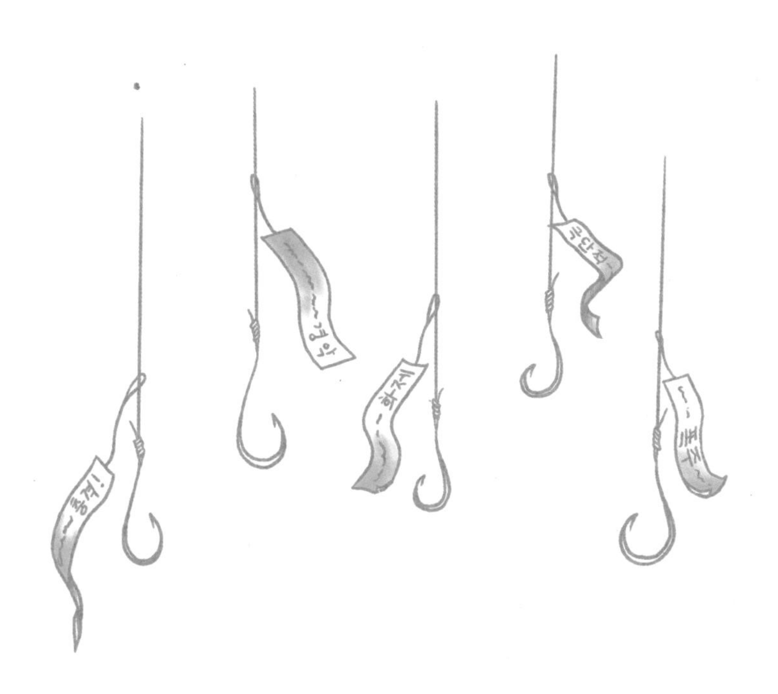
충격!
경악
화제
극단적
폭로

3) 글쓴이 검색하기

글쓴이는 믿을 만한 실제 인물입니까?

글쓴이를 검색하여 믿을 만한 사람인지를 어떻게 알 수 있을까요?

오랜 기간 기사나 글 또는 정보를 게재한 사람이라면 그동안 형성된 독자들의 평가가 있을 것입니다.

그런데 과거로 현재를 평가하는 것이 과연 늘 옳은 것일까요?

우리가 누구에게 잘 속는지 생각해 보세요.

믿을 수 없는 사람에게 잘 속을까요?

믿을 만한 사람에게 잘 속을까요?

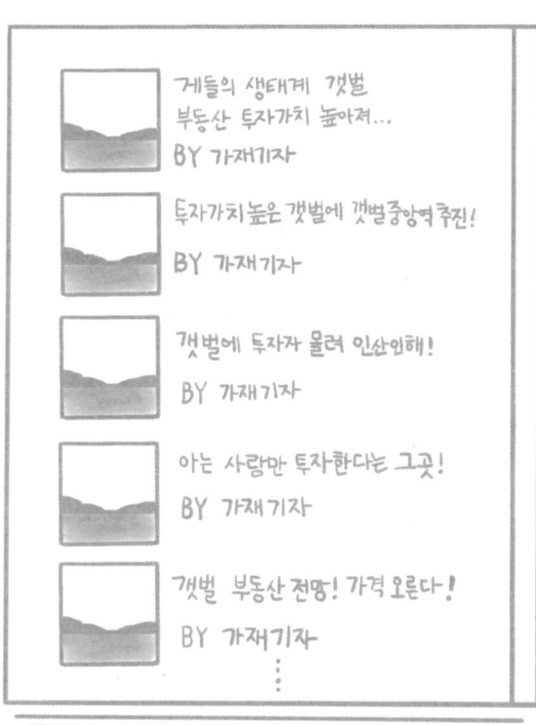
게들의 생태계 갯벌
부동산 투자가치 높아져...
BY 가재기자
투자가치높은 갯벌에 갯벌중앙역 추진!
BY 가재기자
갯벌에 투자자 몰려 인산인해!
BY 가재기자
아는 사람만 투자한다는 그곳!
BY 가재기자
갯벌 부동산 전망! 가격 오른다!
BY 가재기자

4) 제공 정보 확인하기

제공된 정보가 실제 기사를 뒷받침하는지 확인합니다.

사기꾼이 블로그나 유튜브를 이용해 주식 그래프를 조작하여 투자자를 모은 후 수백억 원을 가로챘다는 보도라든지, 가짜 은행 사이트를 만들어서 수천만 원을 송금하도록 속였다든지 하는 뉴스를 보면 어떤 생각이 드나요?

이런 뉴스를 대하면, 안타깝기도 하고 화도 나고 누구나 피해자가 될 수 있다는 염려가 생기기도 합니다.

그런데 일반 사람이 기사 내용의 근거로 제시된 자료나 정보가 진짜인지 얼마나 잘 추적할 수 있을까요?

수사기관도 아닌 일반인이 뉴스에 제시된 근거가 진실한 자료인지를 파악하는 일은 쉬운 일이 아닙니다.

5) 날짜 확인하기

오래된 뉴스를 재탕했다면 최신 뉴스로 적절하지 않습니다.

내용은 현재인데, 사진이나 동영상은 옛날 것인 경우도 있습니다.

검색창을 이용하여 뉴스나 정보를 찾는 경우에는 오래된 뉴스가 맨 위에 올라오는 수도 있습니다.

길을 걸으며 스마트폰으로 뉴스를 훑어보는 습관이 있는 경우에는 보도된 날짜를 미처 확인하지 못할 수도 있습니다.

2018년 1월 9일

6) 풍자 기사인지 확인하기

너무 엉뚱한 기사는 풍자일 수 있으니, 사이트와 작성자를 확인해 봅니다.

상징적 이미지, 과감한 생략과 과장, 유머와 위트의 요소를 갖춘 기사를 '풍자 기사'라고 정의합시다.

즐거움을 선사하고 사람들의 뇌리에 깊은 인상을 남기는 풍자 기사는 압축적인 언어와 이미지 제작의 고급 기술이 있어야 만들 수가 있습니다.

높은 수준의 풍자 기사에는 글쓴이의 평소 세계관과 가치관이 잘 드러나 있게 마련입니다.

그러므로 글쓴이가 누구인지를 확인하면 풍자 기사가 말하고자 하는 내용을 파악하기가 수월해집니다.

7) 나의 편견 점검하기

자신의 믿음이 판단에 영향을 미칠 수 있으니 검토하세요.

사람은 믿고 싶은 대로 본다.

아는 만큼만 보인다.

두 격언은 인간 생각의 한계를 잘 표현하고 있습니다.

대개 사람은 자신이 무엇을 알지 못하는지 잘 모릅니다.

나비에-스토크스 방정식을 사랑하나요?

양-밀스 질량 간극 가설을 풀지 못해서 화가 나나요?

알지 못하는 것에 대해서는 사랑하지도 미워하지도 못합니다.

사람은 누구나 자신의 잣대로 세상을 바라보기 때문에 편견에서 자유롭지 못합니다.

고집스러운 편견은 아둔하고 때로 위험하기까지 합니다.

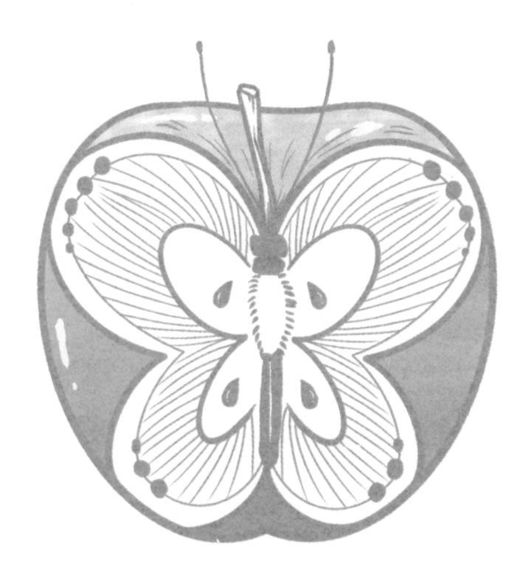

나비 그림일까?
사과 그림일까?

인종차별, 갑질, 왕따도 편견에서 비롯되는 것일까?

인종차별, 갑질, 집단 따돌림과 같은 행위는 편견이 아니라 정신적 질병에서 비롯되는 것이라고 할 수 있습니다.

인종차별, 갑질, 집단 따돌림은 타인에 대한 폭력적 가해입니다.

보통 이와 같은 가해 심리는 괴롭힘을 당해 본 피해 경험에서 생겨납니다.

즉 자신의 괴로운 심리 상태를 만만하게 보이는 사람에게 투사하고 앙갚음하려는 병적 심리가 작용하는 것이지요.

어떤 사람이 늘 분노하고 증오하며 세상을 살고 있을 때, 그를 치유하는 방법은 무엇일까요?

'개는 훌륭하다'라는 텔레비전 프로그램을 본 적이 있나요?

개통령이라는 별명을 가진 훈련사는 사납고 고집스러운 개에게도 한결같은 애정으로 대합니다.

이러한 태도로부터 배울 것은 무엇인지 생각해 봅니다.

8) 전문가에 문의하기

사서에게 물어보거나 사실 확인 사이트에 문의해 보세요.

문제 인식을 반복하며 세상을 이해하는 데 도움을 얻기 위해 도서관에 가 보면 어떨는지요?

신문, 잡지, 논문, 책 등의 모든 간행물은 도서관에 있습니다.

모든 분야의 간행물을 가장 많이 읽고 검토하는 전문가는 사서입니다.

유명한 철학자나 과학자 중에는 사서 출신이 많다는 사실을 알고 있나요?

현명해지는 방법 중에 독서가 으뜸인 것을 인정한다면 도서관을 애용하도록 합니다.

그런데 전문가의 의견은 어디까지나 참고사항일 뿐입니다.

세상을 바라보는 주인은 그 누구도 아닌 자기 자신이므로, 스스로 전문가가 되도록 해야 합니다.

부록

문제 인식 과제

문제 인식은 답이 정해져 있지 않습니다.

교과서처럼 약속된 정답을 찾으려고 하지 말고, 자유로운 방식으로 문제 인식을 해 봅니다.

힌트를 얻고 싶으면 인터넷 검색을 이용해도 좋습니다.

1. 무無는 무엇일까?
2. 크기도 없고 질량도 없는 것은 무無라고 할 수 있을까?
3. 우주 진공의 온도는 영하 270℃라고 한다. 우주복을 벗으면 금방 얼어 죽을까?
4. 시간은 절대적인 물리량일까, 상대적인 물리량일까, 아니면 또 다른 무엇일까?
5. 남향이 아닌 북향의 가게가 유리한 점은 무엇일까?
6. 운전면허시험처럼 절대 평가로 학교 성적을 매기면 안 되는 걸까?
7. 열 명의 왕과 열 명의 거지가 있을 때, 멍청이의 비율은 어느 쪽이 더 높을까?
8. 욕을 잘하는 사람의 장단점은 무엇일까?
9. 동물은 다이아몬드를 거들떠보지도 않는데, 사람은 왜 비싼 돈을 주고 사는 것일까?
10. 지구가 반시계 방향으로 자전한다는 것은 맞는 말일까?

문제 인식 참고

1. 무無는 유有의 상대적 개념이다. 절대적인 무無는 증명할 수 없다.

2. 빛은 크기도 없고 질량도 없지만, 에너지가 있다.

3. 보온병은 전도, 대류, 복사로 인한 열 손실을 차단하기 위해서 진공의 이중벽 구조로 되어 있다. 우주복을 벗으면 열손실이 아닌 다른 원인으로 오래 버티지 못할 것이다.

4. 모든 학자가 동의하는 통일된 시간 이론은 없다. 시간은 착각에 지나지 않는다고 생각하는 학자도 많다.

5. 남향의 가게는 햇빛이 잘 들고, 북향의 가게는 햇빛이 거의 들지 않는다. 햇빛과 관련하여 생각해 본다.

6. OECD 35개 국가 중 학교 성적을 상대평가 하는 나라는 한국과 일본, 두 나라뿐이라고 알려져 있다.

7. 멍청이의 기준을 어떻게 세우는지에 따라서 달라진다.

8. 속으로 욕하는 것과 비교하여 개방성 측면에서 생각해 본다. 욕을 너무 많이 하면 인격장애일 가능성도 있다.

9. 다이아몬드를 사는 사람에게 물어보는 수밖에 없다.

10. 북반구에서 볼 때는 반시계 방향이다. 남반구에서 볼 때도 그럴까? 우주는 위·아래를 구분할 수 없는데, 반시계 방향이라는 말은 북반구 중심적인 사고방식이다.

맺는 말

전국청소년과학탐구대회의 심사위원으로 몇 년 동안 활동하면서, 한국 학생들이 기술 응용력은 좋지만 기초적인 문제 인식 능력은 뒤처진다는 느낌을 받았다. 시험을 위한 지식에 얽매인 탓인지 학생들은 오히려 간단한 질문을 어려워했다. 물론 간단한 질문이 더 어려울 수도 있다.

어른들의 반응은 또 다르다.

"코끼리가 비행기에서 뛰어내리면 어떻게 될까요?"

어른 열에 아홉은 웃으며 말한다.

"난센스 퀴즈인가요?"

이 책은 난센스가 아닌 '문제 인식'을 다룬 책이다.

'문제 인식'은 과학 탐구 과정의 첫 단계로, 세상의 모든 발명은 '문제 인식'에서 비롯된다. 이 용어는 과학 교과서의 첫머리에 등장하지만, 문제 인식을 '어떤' 방식으로 '어떻게' 해야 하는지에 대한 설명은 없다. 대학 졸업반이나 석사 과정쯤 에 이르러서야 비로소 문제 인식 훈련을 시작한다면 너무 늦지 않은가?

주입식 교육의 한계에 대해서는 모두가 공감하면서도 그 대안은 명확하게 제시된 바가 없다. 학교 교육에서 탐구 활동이 강조되고 있긴 하지만, 아직은 인프라 구축 단계일 뿐이다. 교과서가 제시하는 실험 탐구 활동은 결과를 미리 알고 과정을 맞추어가는 식이라 진정한 의미의 탐구는 아니다. 최근 교육부와 지자체의 지원을 받아 전국의 각급 학교가 영재학급 과정을 운영하면서 수준 높은 교육 방법을 모색하고 있기는 하다.

나는 영재교육을 '어린 나이에 시작하는 느린 교육'이라고 생각한다. '느린 교육'은 다름 아닌 '문제 인식과 탐구에 충실한 교육'이다. 문제 인식은 학습자 주도로 이루어지고, 어떤 생각이든 허락된다. 교사는 학생에게 정답을 요구하지 말고 엉뚱하거나 심지어 기괴해 보이는 생각도 수용해야 한다. 나는 교사의 이러한 태도가 학생의 성장을 돕는 최고의 방법이라고 생각한다.

이 책은 가벼워 보이지만 읽는 동안 집중이 요구되는 책이다. 연결성을 가지고 진행되는 생각의 흐름을 따라가야 하기 때문이다. 본문은 세 분야에 대한 문제 인식으로 구성되어 있다. 1장은 중력에 대한 문제 인식, 2장은 인간 심리에 대한 문제 인식, 3장은 언론에 대한 문제 인식 과정이다.

문제 인식의 유도 과정은 중학교 1학년 수준에 맞추고자 노력했다. 그래서 학교를 일찌감치 졸업한 어른들에게는 다소 어려울 수도 있다.

넓은 의미에서 어른도 학생이다. 특히 3장은 뉴스에 민감한 어른들에게 더 필요한 내용이라고 생각한다. 똑같은 내용을 다르게 말하는 언론의 속내를 들여다보려면 예리한 문제 인식과 통찰이 필요하기 때문이다. 국제도서관연맹IFLA이 제시한 가짜뉴스 판별법은 다분히 전통 언론사 중심적이라 개선이 필요하다고 생각한다. 본문에서는 이러한 문제에 대해 직설적으로 언급하지 않았다.

특별히 이 책의 삽화를 그려준 치달 작가에게 감사를 표한다. 글 내용을 확장하고 응용하여 깊이 있는 문제 인식의 단면을 보여 주는 그림들은 마치 살아 움직이는 생각처럼 보인다. 글보다 그림이 좋아서 사랑받는 책이 되기를, 덕담으로 후기를 마친다.

2022년 4월, 글쓴이 신규진